未来科学家科普分级读物（第三辑）

飞机大解剖

小多科学馆 编著　石子儿童书 绘

ke pu tian tuan　liang shen da zao
"科普天团"
为少年量身打造的
科普分级读物
ke pu yue du　fen ji du wu

U0281400

电子工业出版社·

Publishing House of Electronics Industry

北京 · BEIJING

目录

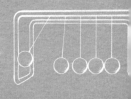

人类飞行之初

鸟儿们通过舒展翅膀可以凌空翱翔的本领着实让聪明的人类羡慕不已。人类从很早以前就开始探究鸟儿飞行的秘密。古人照着鸟翅膀的样子制造出超大的翅膀背在身上当"鸟人"，达·芬奇还专门画过扑翼机的草图，后来不停有人试飞扑翼机，但都尝尽了失败的滋味。

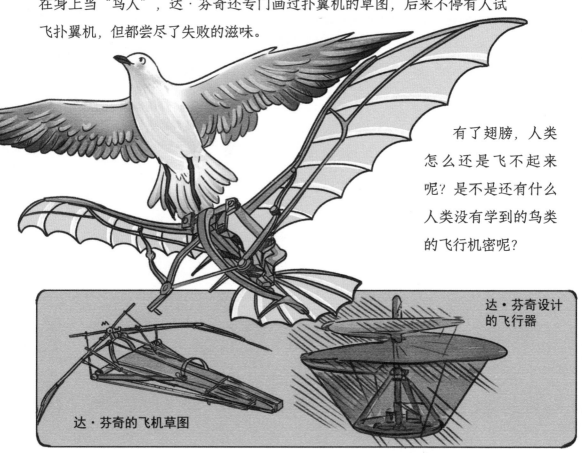

有了翅膀，人类怎么还是飞不起来呢？是不是还有什么人类没有学到的鸟类的飞行机密呢？

达·芬奇设计的飞行器

达·芬奇的飞机草图

没有流线型的好身材

在自然界里，飞行的鸟儿们天生就拥有纺锤形或者梭形的流线型好身材。跟其他体形比起来，流线型的身材能更大程度地减少空气阻力，让鸟类能借助迎面吹来的风获得上升的空气浮力。人类要想飞起来，以我们的身体结构和体形是无法做到的。

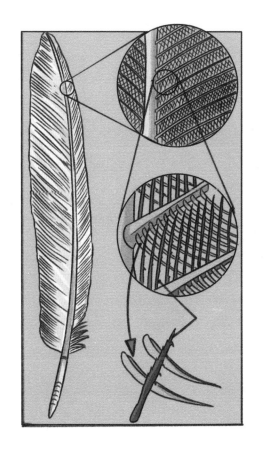

没有坚韧的飞行羽毛

翅膀够大、够轻就一定管用吗？失败的经验告诉人们，这也不是万能法宝。鸟儿的翅膀其实是有一定弧度的，气流穿过弯曲的翅膀时会产生一股向上的力量，让鸟儿飞起来。更重要的是，鸟儿的翅膀上分布着一些坚韧的羽毛——飞羽，它们可以帮助鸟儿控制速度。通过让飞羽呈水平或垂直状使空气在翅膀间流动，鸟儿可以加快或者降低飞行速度。

没有轻盈的骨骼

不管是对人类还是对鸟类来说，骨骼都是支撑身体的重要结构。不过骨骼自身是有一定质量的，想要飞行得严格控制体重才行。鸟类的骨骼是中空的，骨骼内部有强化的骨柱支撑，里面充满了空气。中空的骨骼大大减轻了它们的体重，比如鸽子的骨骼就只占全身体重的1/20。而人类骨骼的内部却是蜂窝状的，里面含有骨髓，跟鸟类比起来，实在是太沉了。

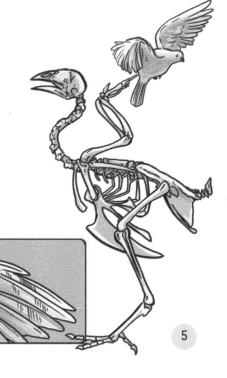

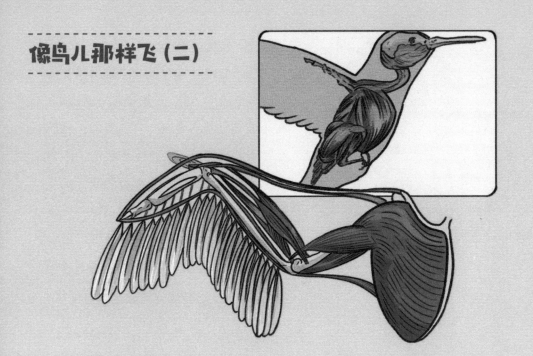

没有高度发达的胸肌 人类没有鸟儿那样强劲发达的胸肌，无法完成长时间、连续的拍翅动作。飞行的鸟类基本上都有突出的胸骨，这能增大胸肌的附着面积。有了强大的胸肌，鸟儿可以持续地扇动翅膀，也更能增加飞行的稳定性。

没有辅助呼吸的气囊 人类只能用肺部呼吸，这对飞行来说也是一大弱点。因为长时间、长距离的飞行是一项剧烈运动，会消耗很多氧气，光靠肺部呼吸，是无法满足身体对氧气需求的。鸟类的呼吸方式为双重呼吸，除了肺部，它们身体里还有气囊在为呼吸提供帮助。

鸟类的气囊跟肺部相连，延伸到身体的各个部位。作为肺的好帮手，气囊大大提高了其体内气体交换的效率，为飞行准备尽可能多的氧气。

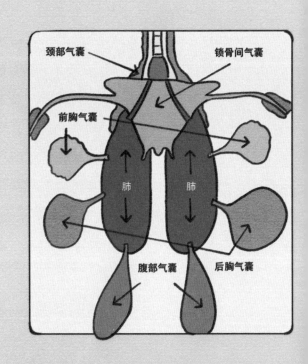

没有高超的扑翼技能 拍打翅膀的动作看似简单，其实藏着很多玄机。至今，人类也只是明白其中的一部分。比如翅膀向下拍的时候，鸟儿会伸直翅膀，并控制羽毛让翼尖前缘向下扭曲一定的角度，帮助鸟儿提供升力和前进的推力。鸟儿向上抬翅膀时，翅膀会稍微收缩，尽可能多地减少阻力。

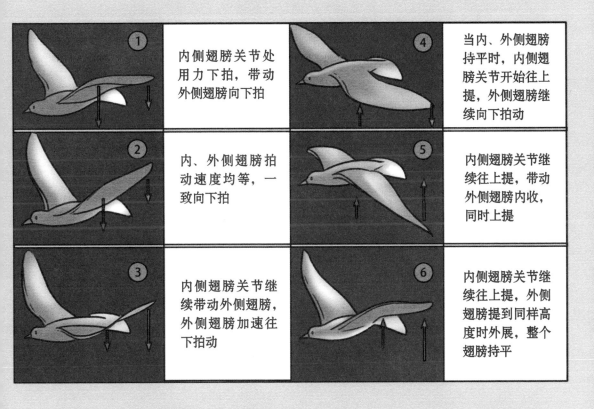

①	内侧翅膀关节处用力下拍，带动外侧翅膀向下拍
②	内、外侧翅膀拍动速度均等，一致向下拍
③	内侧翅膀关节继续带动外侧翅膀，外侧翅膀加速往下拍动
④	当内、外侧翅膀持平时，内侧翅膀关节开始往上提，外侧翅膀继续向下拍动
⑤	内侧翅膀关节继续往上提，带动外侧翅膀内收，同时上提
⑥	内侧翅膀关节继续往上提，外侧翅膀提到同样高度时外展，整个翅膀持平

当然，这些还只是鸟儿飞行"机密"的一部分。鸟儿在飞行的时候会把腿收起来，尽量靠紧身体，进一步减小身体受到的飞行阻力。它们还用尾巴帮忙身体保持平衡，控制飞行方向。鸟儿有轻巧的角质喙，但是没有牙齿。它们的直肠很短，所以无法储藏粪便。这些结构都能减轻飞行时的身体负重。为了飞行，鸟儿全身都在参与"作战"！

风筝和孔明灯

相传风筝是由我国西汉时期韩信发明的。在楚汉相争的最后一战垓下之战中，楚军尚有十万精兵，并且由英勇善战的项羽率领。韩信亲率三十万汉军自齐南下，切断了项羽向彭城的退路。汉军步步紧逼，楚军不断收缩，退至垓下（位于今天安徽省灵璧东南的沱河北岸），中了韩信的"十面埋伏"。韩信为了动摇和瓦解楚军，随即派人用牛皮制成风筝，上敷竹笛。夜晚的时候，他们将风筝放飞到空中，高空中的风吹得竹笛发出凄厉的声音，汉军将士配合着竹笛声唱起了楚歌。

长期在外作战的楚军听了，军心溃散，无心恋战，有的甚至也情不自禁地跟着唱起来。汉军趁机掩杀，楚军大败，溃不成军。楚霸王项羽虽然连夜突围成功，往南逃跑，被追至乌江边后，见大势已去便在乌江边自刎。所以，后人认为风筝就是这时候发明的。

三国时期，诸葛亮（字孔明）被司马懿围困在阳平，无法派兵出城求救。诸葛亮制作了一个会飘浮的纸灯笼。他算准风向后，在纸灯笼上系上求救的信号向友军求援，最后成功脱险。后人称这种灯笼为"天灯"或"孔明灯"。孔明灯与热气球（第一种能让人类真正意义上离开地面飞行的工具）的原理是一样的。

1783 年 11 月 21 日，派里特·德·罗齐埃和马奎斯·达尔朗德坐在由一个气球悬挂着的大柳条筐里俯瞰巴黎大地，人们会永远记住这个神圣的时刻——第一次载人飞行的气球升到空中，并持续飞行了 25 分钟。

两位勇士之所以能在巴黎上空自由飞翔，要归功于他们所乘坐的气球里燃烧的火团，火团燃烧产生的热空气使气球膨胀并飘浮在空中。这种奇妙的设计是由法国造纸商孟格菲兄弟提出的。他们的灵感来源于在壁炉中飞舞的碎纸屑——既然纸屑受热空气作用能飘浮起来，那来自火焰的热空气同样也能把人从地面举起来。两兄弟由于长期从事纸加工工作，对材料有着异于常人的认识，进而成功地掌握了制造气球的技能。但成功的道路并不是一帆风顺的，敢第一个吃螃蟹的人也不是到处都有，孟格菲兄弟的飞行试验也是历经坎坷：从无乘客到笼子里装有一只羊、一只鸡和一只鸭三个特殊乘客，最后到派里特·德·罗齐埃和马奎斯·达尔朗德两位勇士。从开始的 8 分钟飞行到 25 分钟的遨游。这些都将热气球这一飞行工具推向一个新的时代。

热气球升空的原因

热气球没有翅膀却能飞起来，难道热空气真的有如此神奇的力量，能让这个大家伙飘起来？事实上的确是这样的。我们知道，空气是有质量的物质。相同体积的空气，温度不同，密度、质量也不相同。这就像水和冰的关系，将冰按入水底，松开后它总会浮上来，那是因为冰的密度比水小。气球升空的原理简单地说就是：球囊内空气被加热后密度变小（常压下，25℃时空气密度为 1.29 千克 / 米^3，100℃时空气密度为 0.95 千克 / 米^3），质量小于球囊外相同体积的冷空气，就像冰块在水中上浮一样，球囊在浮力作用下升空。热气球不能主动改变方向，需要利用不同高度层的风向来控制和调整前进方向，它的飞行速度依风速而定。

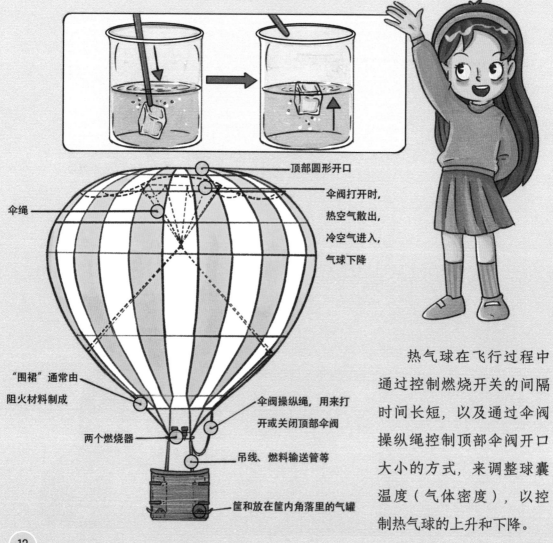

顶部圆形开口

伞绳

伞阀打开时，热空气散出，冷空气进入，气球下降

"围裙"通常由阻火材料制成

伞阀操纵绳，用来打开或关闭顶部伞阀

两个燃烧器

吊线、燃料输送管等

筐和放在筐内角落里的气罐

热气球在飞行过程中通过控制燃烧开关的间隔时间长短，以及通过伞阀操纵绳控制顶部伞阀开口大小的方式，来调整球囊温度（气体密度），以控制热气球的上升和下降。

然而，人们很快又发现，热空气的密度还是大了一些，如果在球囊中填充更密度更小的气体，热气球是不是就会飞得更远些？但是，什么气体能够比热空气密度还小呢？人们经过各种尝试发现氢气（0.09 千克 / 米^3）和氦气（0.18 千克 / 米^3）比热空气密度小。由于氢气容易获取，而且比氦气便宜很多，因此人们首先用氢气来填充气囊，当时还有人乘坐氢气球成功地飞越了英吉利海峡。但是后来人们又考虑到氢气很容易燃烧，极不安全，所以后来的载人热气球的球囊都改为填充氦气。

1783 年 12 月 1 日，查理在法国试飞的载人氢气球体积为 380 立方米。根据计算，它受到的浮力为 4902 牛，除去氢气的自身重力 342 牛，还能承受约 4560 牛的重力。

热气球的改进——飞艇

为了掌握在空中飞行的主动权，人们又用发动机的动力来驱动热气球飞行。

1852 年，法国工程师吉法尔发明了一种软式蒸汽动力飞艇，在吊篮内装设了一台功率仅 3 马力（1 马力 ≈ 735.5 瓦）的蒸汽发动机驱动一副三叶螺旋桨，并用一个三角形风帆来操纵飞行方向。虽然这种飞艇的飞行效率不高，速度仅为 8 千米 / 小时，但实现了自主控制飞行。1900 年，德国人斐迪南·冯·齐柏林制造出了世界上第一艘硬式飞艇。飞艇内部有庞大的硬质骨架，能很好地保持飞艇的形状，而且动力来源换成了效率更高的内燃机，动力性能大为提高。

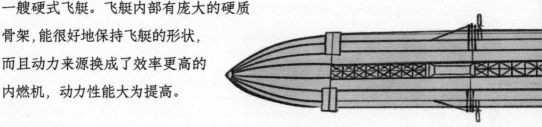

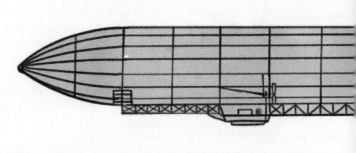

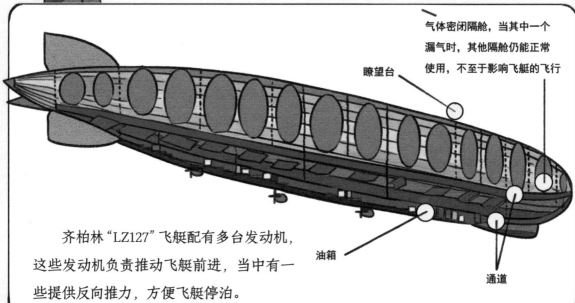

气体密闭隔舱，当其中一个漏气时，其他隔舱仍能正常使用，不至于影响飞艇的飞行

瞭望台

油箱

通道

齐柏林"LZ127"飞艇配有多台发动机，这些发动机负责推动飞艇前进，当中有一些提供反向推力，方便飞艇停泊。

飞艇与热气球的最大区别是飞艇具有推进和控制飞行状态的装置。飞艇由巨大的流线型艇体、位于艇体下方的吊舱、起稳定控制作用的尾翼和推进装置组成。艇体的气囊内填充了密度比空气小的浮升气体（氢气或氦气）以产生浮力，使飞艇升空。吊舱供人员乘坐和装载货物使用。尾翼用来控制航向、保持稳定。

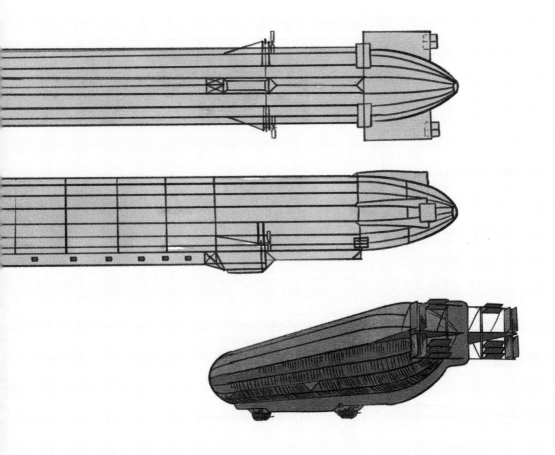

作为热气球的升级版，飞艇有着更大的本事。在军事方面，它如鱼得水，成为最早的空中军事力量。第一次世界大战期间，英国和法国曾使用小型软式飞艇执行反潜巡逻任务。而德国则建立了齐柏林飞艇队，用于海上巡逻、远程轰炸等军事活动。但由于军用飞艇体积过大、速度低，因而极易受到攻击，随后逐渐被性能不断提高的飞机所取代。飞艇则转向商业用途方向继续发展。

威尔伯·莱特和奥维尔·莱特两兄弟是美国著名的发明家，两人被称为莱特兄弟。1903年12月17日，他们成功试飞了人类历史上第一次受控的、机体重于空气的、持续飞行不落地的动力飞机，被誉为飞机的发明者。

莱特兄弟并没有一开始就投身飞行事业，而是开了一家自行车店，当他们通过各种新闻渠道，了解到飞机模型试飞的消息后，关于飞行的梦想才逐步产生。他们先是学习航空知识，总结前人的经验和教训。他们发现，在机翼和动力方面，前人已经提供了很多参考。

1843年，英国发明家威廉·亨森和约翰·斯特林费洛设计出一架以蒸汽机为动力的庞大的单翼飞机——"空中蒸汽机"，开启了人类对动力飞行器的尝试。

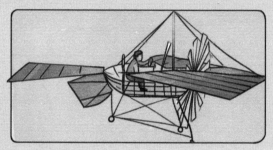

1874年，法国人菲利克斯·坦普尔设计并制造出具有倾斜翼面的载人单翼飞机，虽然只在空中飞行几米就坠落下来，但却是世界上第一架动力驱动、由人驾驶以及有固定机翼的能进行空中飞行的飞机。

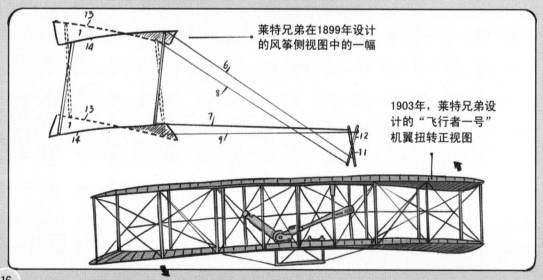

莱特兄弟在1899年设计的风筝侧视图中的一幅

1903年，莱特兄弟设计的"飞行者一号"机翼扭转正视图

莱特兄弟把首要问题放在了如何控制飞机方面，他们在观察鸟类的飞行后发现，鸟儿可能是通过改变翅膀后端羽毛的角度来控制身体左右转向的，于是他们也想让飞机在转弯的时候像鸟儿一样向转弯位的内侧倾斜，他们因此设计了翘曲机翼（有着下反角的机翼）。为了测试这种翘曲机翼技术，1899年，他们专门制作了一架长1.5米左右的形似双翼飞机的箱形风筝进行验证。这是莱特兄弟特有的采用飞行试验来验证关键概念的工作方法，这为他们下一步工作打下了基础。这种方案被莱特兄弟后来设计的滑翔机和动力飞行器所采用。1903年的"飞行者一号"采用的就是按逆时针方向滚转的翘曲机翼。

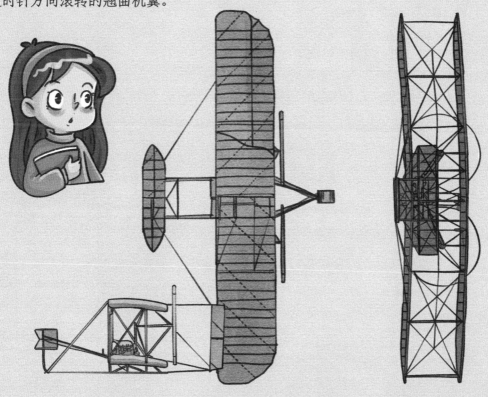

之后，莱特兄弟开始设计一架全尺寸的滑翔机，机翼表面都有外凸的弧度，他们直接借鉴了前人的设计——弧面机翼比扁平机翼能提供更多的升力。莱特兄弟还创造性地在飞机前面安装了升降舵。升降舵并不是固定不动的，而是由专门的操纵杆控制。此外，升降舵位于机翼前方，起着降落伞的作用，帮助失速的滑翔机能够水平着陆，避免机身俯冲坠落，减少飞行风险。1901年，莱特兄弟试飞他们的新型滑翔机时，却出现了问题。这架滑翔机安装有较大的翼面，主要是为了提高升力，但结果却令人失望，滑翔机的飞行高度远不及预期。究竟哪里出错了呢？

由于滑翔机的实际升力远不及理论数据，莱特兄弟开始对升力方程中的空气压力系数（也叫斯密顿系数）提出质疑。当时，人们以为这一系数的值为0.005，但莱特兄弟经过反复测试，发现数值应该是接近0.003。因为原系数比实际值偏大，所以计算出来的结果也就偏大了。

同时，莱特兄弟意识到，每次都建造全尺寸的滑翔机进行飞行试验，不仅成本高，而且费时费力。因此1901年下半年，他们建造了一台直径约1.8米的小型风洞（风速达到12米/秒），先后对200多个不同形状的机翼模型进行测试。通过风洞试验，莱特兄弟不仅得到了很多科学数据，而且发现了许多科技文献中存在的不准确的数据。他们发现，机翼的展弦比（机翼的长度除以宽度得到的值）越大，产生的升力也越大，从而设计出了更能提高升力的机翼。

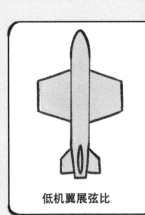

低机翼展弦比

中机翼展弦比

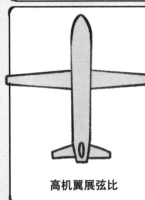

高机翼展弦比

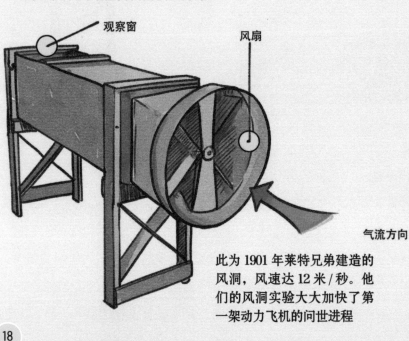

观察窗

风扇

气流方向

此为1901年莱特兄弟建造的风洞，风速达12米/秒。他们的风洞实验大大加快了第一架动力飞机的问世进程实践出真知，根据新的发现，莱特兄弟在 1902 年着手设计新的滑翔机。他们除了把翼弧设计得更平坦外，还给滑翔机添加了尾巴——一个可以左右摆动的垂直尾舵。垂直尾舵可以在转弯或受到气流干扰时起到归正机身的作用。改进后的滑翔机果然不负众望，在试飞过程中表现良好。

莱特兄弟觉得时机已经成熟，决定开始建造一架有动力的飞行器。

"飞行者一号"成功试飞

1903 年，莱特兄弟开始制造"飞行者一号"双翼机。在选材用料上，他们特意使用了一种高强度的轻质木材——云杉木。建造动力飞机必须有发动机，可当时根本没有专门供飞机使用的发动机。莱特兄弟决定自己动手，他们并没有一味追求大功率，而是根据飞机的实际需要来设计图纸，后来他们在机械师查尔斯·泰勒的帮助下，制造了一台大约 12 马力的活塞式发动机。为了减轻重量，发动机采用了铝质外壳，这个设计在当时是十分罕见的。

最后是设计螺旋桨。莱特兄弟本以为很简单，但在真正开始设计时却面临重大难题。他们一开始打算直接套用机动船的螺旋桨数据，却发现根本找不到这方面的资料，而且在水下和在空中使用螺旋桨肯定存在差异。兄弟俩并没有被困难打倒，反而开始研究学习有关螺旋桨的理论知识，并利用风洞实验的数据设计出一个高效率的二叶式螺旋桨。飞机上共安装了两个这种新式螺旋桨，后朝向的推进方式可以获得更大的反作用力，而且两个螺旋桨的旋转方向相反，可以起到平衡扭矩的作用。

　　一切准备工作就绪，试飞的关键时刻终于到来。1903年12月17日，奥维尔·莱特驾驶"飞行者一号"开始首次试飞。虽然飞机在空中飞行的时间只有12秒，飞行距离只有36米，但却是人类历史上第一次完全受控制、安装有动力装置、机体比空气密度大、持续滞空不落地的飞行，这也拉开了航空时代的序幕。

飞机飞行的有关知识

1911年9月20日，当时世界上体形最大的远洋轮船之一——"奥林匹克"号邮轮，离开英国的南安普敦港驶向纽约。当它航行到怀特岛东北海域时，与英国皇家海军铁甲巡洋舰"豪克"号相遇。当时两船的航速相近，距离也很近，近到都能相互招手致意。然而，当一起高速并行的两艘轮船相距100米左右时，体型较小的"豪克"号像被"奥林匹克"号这块"巨大的磁铁"吸过去一般，突然猛地朝"奥林匹克"号冲去。更让人匪夷所思的是，在撞过去的整个过程中，舵手无论怎样操作都没有用。大家眼睁睁地看着"豪克"号的船头撞在了"奥林匹克"号的船舷上，"奥林匹克"号被撞出一个大洞，好在船上的乘客都无大碍。

在"豪克"号撞击"奥林匹克"号事故发生之后的很长一段时间里，人们都不清楚造成这起海难的原因。海事法庭审理这件奇案时将"奥林匹克"号的船长判为过失方，因为他没有发出指令给横着开来的"豪克"号让路。可见，当时的人们还没有认识到这次事故的真正原因——"伯努利效应"。

什么是"伯努利效应"呢？别着急！让我们从这个效应的发现者丹尼尔·伯努利说起。

丹尼尔·伯努利是瑞士物理学家。他经过无数次实验后，于1726年提出了著名的"边界层表面效应"。他在1738年出版的专著《流体动力学》一书中，对这一效应进行了较为翔实的阐述：当流体速度加快时，物体与流体接触的界面上的压力会减小，反之，压力会增大。为纪念这位科学家的贡献，人们将这一效应命名为"伯努利效应"，也称"伯努利原理"。

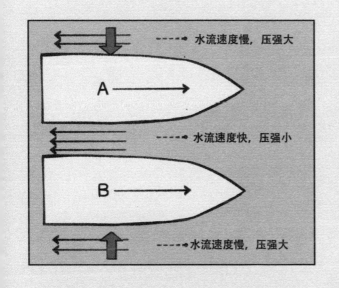

回到这次事件，当两艘船并行时，两船中间的海水流速加快，水流对两船内侧的压力减小；而两船外侧的海水流速慢，压力相对较大，船体的两侧受到的压力形成压力差。于是，在外侧水压的作用下，两艘船渐渐靠近。现代航海上将这种现象称为"船吸现象"。"豪克"号与"奥林匹克"号高速并行时，由于"豪克"号体形较小，它向两船中间靠拢的速度要快得多，因此造成了"豪克"号撞击"奥林匹克"号的事故。后来，"船吸现象"引发的海难事故不断增加。

为了避免因"船吸现象"发生海难事故，国际航海界出台了包括《国际海上避碰规则》在内的很多规定。规定包括禁止船只平行航行；两船同向行驶时彼此必须保持一定的间隔；在通过狭窄地段时，小船与大船彼此也要采取相应的规避措施等。

伯努利效应的应用

"伯努利效应"在自然界中大量存在，并被广泛应用于各种发明，我们身边也存在着很多的"伯努利效应"。它们有的为我们的安全提供了保护，有的为我们的生活提供了便利，当然也有的会给我们带来危险。除了能送飞机上天的升力跟"伯努利效应"有关外，我们生活中还有下面几个常见的实例：

吹不开的两张纸 向两张纸之间吹气时，气流快速从中间流过。根据"伯努利效应"可知，两纸片内侧气流速度快，压强会减小，因而形成内外侧压力差。压力差导致两张纸不但没分开，反而更加紧密地"靠"在一起。

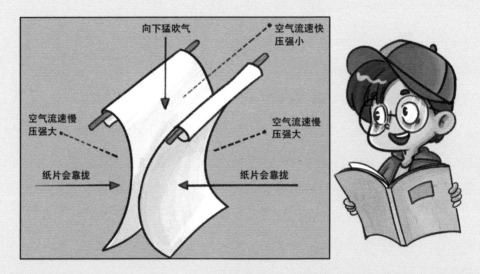

乒乓动作中的旋球 攻球作为乒乓球运动中的重要手段，以速度快和力量大的优势能给对方造成很大的威胁，但运动员在做动作的时候也会遇到挥拍过猛，球会飞出界外或者过分压低球的弧线高度，球会触网等无法准确落点的问题。那么，有没有一种进攻方式可以让球不仅同时拥有强大的力量和速度"杀"向对方，还能缩短打出的距离，增加乒乓球飞行弧线的高度呢？有，这就是打上旋球。

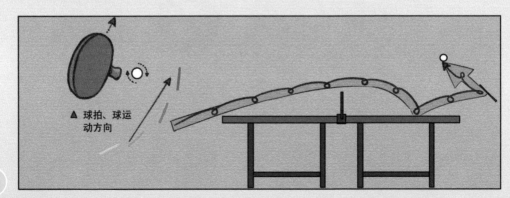

▲ 球拍、球运动方向

上旋球在被打出后，球体表面的空气形成一个环流，环流的方向与球的上旋方向一致。这时，球体还在向前飞行，所以它同时又受到了空气的阻力。环流在球体上部的方向与空气阻力相反，在球体下部的方向与空气阻力一致，所以，球体上部空气的流速慢，而下部空气的流速快。流速慢的压强大，流速快的压强小，这样就使球体得到了一个向下的力——使球在飞行的后半段急剧下降。

上旋的特性在弧圈球中表现得最为突出，因为弧圈球的上旋力非常强。

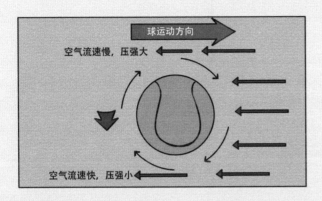

车站站台的安全线 在火车站或地铁站的站台上，离站台边缘1米左右的地方都标有一条安全线，广播和安全引导员不断地提醒乘客要站在安全线后候车。这就是人们防止"伯努利效应"造成危害的一种措施。

根据"伯努利效应"，流体都有一个"怪脾气"：当流动速度加快时，它们对周围的压力会减小；流动减慢时，对周围的压力就增大。火车或地铁疾驰而过时，会对靠近它两侧的人产生一股很大的"吸引力"。有人曾测算过，当火车以50千米/小时的速度前进时，产生的吸引力相当于用78牛（N）的力从背后把人推向火车。因此我们一定要站在安全线内候车哟！

让飞机平稳飞行的力

一架满载乘客的飞机进入跑道滑行，随着速度和动能的增大，飞机慢慢地从地面抬头，腾空跃入空中，飞向目的地。是什么力量让飞机在空中平稳地行驶呢？答案是：飞机是在重力、升力、推力、阻力这四大力联合作用下实现从起跑、升空到平稳飞行的。

阻力是影响飞机飞行的一个关键力量。飞机向前飞行时，它周围的气流会产生一种阻碍它向前飞行的力，那就是阻力。

重力指物体受到的地球引力，这个力会把物体"拉"回地球。比如在起飞前，飞机能安静地停留在地面上，就是由于受到重力的影响。

由于飞机的密度比空气大，因此在没有受到其他外力的情况下，飞机不会自动飘到空中。要想让飞机飞起来，必须给飞机一个向上的升力来克服它受到的重力，不然它只能停留在地面。

升力是飞机能否腾空的一个关键力量。对于飞机来说，机翼的结构是飞行的关键因素。事实上，机翼的形状是飞机能否升空和开展离地后运动最核心的部分。带有向上迎角的上凸机翼在空气中移动时，机翼表面的压力会产生变化。机翼底部的压力会慢慢变大，而顶部压力慢慢变小，这个压力差逐渐产生向上的升力，最终使飞机克服重力，一飞冲天。

我们知道，滑雪者在滑雪时通常会弓着身子，一方面是为了能更好地保持平衡，另一方面也是为了能减少空气阻力的影响。飞机也是如此。飞

推力是推动飞机向前运动的力。推力是必要的力，因为它是让飞机克服阻力向前飞行的"幕后推手"。

对大多数飞机来说，推力由飞机的发动机产生。推力推动飞机向前，它使机翼与空气产生了相对运动，这为机翼产生升力创造了条件，但推力本身不会使飞机升空——这与很多人认为的推力使飞机升空的想法可能不同。

机的形状、速度和空气的黏性等许多因素会影响飞机受到的阻力大小。一旦飞机的速度足够快，小小的起落架如果不收回，它受到的空气阻力就足以把它扯断。

飞机所受升力的产生

升力是一种不可思议的力量，是飞机能够飞行的最重要力量之一。它也是最难理解的力之一。在科学家长期的研究过程中，人们对升力的产生机制的认识也在不断变化。最常见的关于升力的解释是下面两个理论。

第一个理论被称为"均衡过渡"理论。该理论分析了机翼的截面图：机翼顶部面上凸起，而底部面平坦。由此可知：顶部面上凸起的表面路径比较长，下面平坦的表面路径比较短，同样的空气分子在同样时间流过上下表面时，在上表面移动速度更快，根据伯努利原理，机翼下表面的压力比上表面大，由此产生了升力。

这个理论无法解释为什么有的飞机机翼上下表面一致也可以起飞这一问题。此外，科学实验还证明，在机翼前端同时分开越过上下面的空气分子并不总是能在机翼尾部相遇，就算能够相遇，根据理论计算，这个路径差产生的升力也不足以使飞机飞起来。

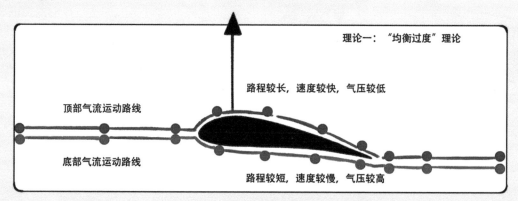

理论一："均衡过度"理论
路程较长，速度较快，气压较低
顶部气流运动路线
底部气流运动路线
路程较短，速度较慢，气压较高

第二个理论则认为，空气分子撞向机翼底部时，对机翼产生一个作用力，从而产生升力。这种情况与用扁平并且前端有一定上翘角度的石头打水漂类似。当你在接近与水平面平行向水中扔石头时，石头与水发生碰撞后，水会给予石头一个向上的力，让石头弹回空中，这样子一次一次地回弹使得石头从水面上"漂过"而不落入水中。飞机也一样，当机翼在空气中移动并且具备一个仰角时，空气分子冲击机翼底部，给予机翼向上的力。

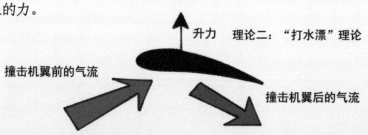

升力　理论二："打水漂"理论
撞击机翼前的气流
撞击机翼后的气流

但这种理论忽略了一个事实，即与水只作用于石头底部不同，空气分子除了冲击机翼底部，也会冲击机翼顶部——科学家能用实验证明这一点。该理论忽略了升力是所有翼面分子撞击的结果，且整个机翼在升力产生过程中都在起作用。

有科学家指出，飞机机翼的形状与机翼向上仰的冲角，使机翼相对于空气移动，也即空气流过机翼表面时，机翼顶部压力变小，机翼底部压力增大而产生升力。这个升力是复杂的，是多种力量共同作用的结果。包括上面两种解释中提到的现象，都在为升力做出一定的贡献，只是实际上的作用并不像上述的那么简单。比如，"伯努利效应"固然是升力的主要贡献之一，但导致机翼上方空气流速比下方快的原因也是复杂的，不仅仅是表面路径长短那么简单。

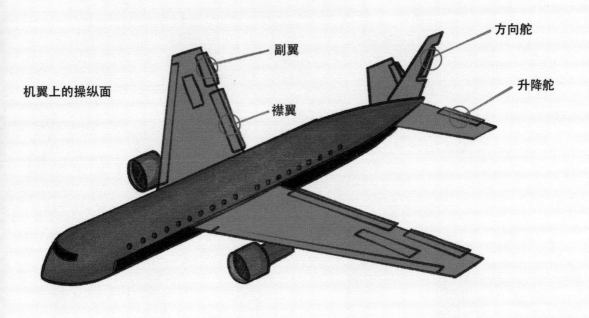

机翼上的操纵面

飞行是一种令人惊叹的发明。只有重力、升力、推力、阻力四股力量恰到好处地共同发挥作用，才能让飞行成为可能。因此，下一次你看到飞机冲上蓝天时，请记住：飞机飞上天空的原理，比你想象的要复杂得多。

神奇的风洞实验

在庞大的昆虫王国有一支出色的飞行族，族中"飞行家"们的翅膀简直是工程学的奇迹。蜻蜓每秒钟可以扇动 30 ~ 50 次翅膀，摇蚊扇动翅膀的频率更是超过 1000 次每秒。那么，翅膀是如何帮助它们在空中飞行的呢？直到最近，人们把昆虫放进风洞好好研究了一番发现，这些小家伙向上扇动翅膀时翅面上方边缘处产生涡流，称为前缘涡。前缘涡在翅面上方会产生一个低压区，使翅膀下拍时空气阻力进一步增大，从而有利于产生更大的升力。一只小蜜蜂借助涡流，产生出其体重 3 倍的升力，而向前的推力则是体重的 8 倍之多。

莱特兄弟建造的木质风洞，其实就是一个两端开口的大木箱，风洞顶端设有观察窗，向木箱中吹风的风扇动力来自一台汽油发动机

风洞就是能模拟自然界中真实状态的神奇装置。通过风洞试验，人类可以模拟昆虫、飞机在自然界"飞行"时的状态。根据运动的相对性原理让它们在风洞里保持静止不动和它们在平静的自然环境里飞行的效果是一样的。现在看来，我们似乎很好理解这一理论。但在 20 世纪初期，许多航空研究人员对此还持怀疑态度，只有达·芬奇、莱特兄弟等为数不多的人相信有这种等效关系的存在，且达·芬奇是清楚明确地讲述风洞原理的第一人。莱特兄弟在1901 年进行的风洞实验，让他们受益匪浅——他们发现了"正确的空气动力学"，这大大加快了动力飞机的研制进程。没有风洞实验，莱特兄弟不可能早在 1903 年 12 月 17 日就实现动力飞行。

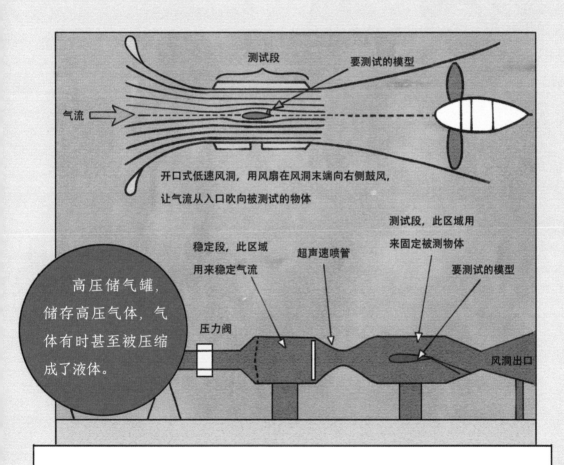

简单地说，目前用于空气动力学研究的风洞，就是用来产生人造气流（人造风）的管道状实验设备。大致由管体、驱动系统、测量控制系统三大部分组成。

风洞试验

飞机升力的产生原理是很复杂的，有很多空气动力学的效应在起作用，飞机的升力是这些效应的综合结果。理论的验证是很复杂的，但是我们有很简单直观的实验手段来验证或者纠错，那就是风洞试验。

根据运动的相对性原理，飞机在空气中高速飞行，相当于飞机静止不动，空气高速绕过飞机的运动。正是空气的高速流动，让飞机产生了向上的升力。

但是，要让飞机在风洞里"飞"，科学家们还面临另一个问题——如何把体型庞大的飞机放进风洞。飞机的迎风面积比较大，如机翼翼展小的几米、十几米，大的有几十米，使迎风面积如此大的气流以相当于飞机飞行的速度吹过来，其动力消耗将是惊人的。

因此，人们又利用相似性原理，做出等比例缩小的飞机模型进行实验。当然，随着技术的发展，人们也建造出了空间比较大的全尺寸风洞，可以运用与实物一样大小的实验模型进行风洞试验。

由于空气是没有颜色的，因此人们在利用风洞研究模型周围的气流运动时，不得不想出各种辅助手段。比如在气流中混入有色液体、气体来观察气流在模型周围的流动方向、涡流形态等。在空气中混入烟雾后，透明的气体瞬间变得可被观测。为此，世界各国的科学家开始研发、建造烟风洞。向风洞内注入烟雾的方法有很多，如将涂有油的不锈钢或钨丝放在模型前，实验时通电将钨丝加热，产生细密的烟雾，或是在风洞外用金属丝加热不易点燃的矿物油来产生烟雾，再将所产生的烟引入风洞。

有了烟雾的帮助，机翼周围气流的状态清晰可见。利用这种方法，可以研究机翼迎角角度变化时周围的气流状态。

随着电子技术和计算机技术的发展，从20世纪40年代后期开始，风洞测控系统也由最初利用检漏仪器通过手动和人工记录，改为采用电子液压控制系统、实时采集和处理的数据系统。测控系统按预定的实验程序，控制各种阀门部件、模型和仪器仪表，并通过各种传感器，测量气流参量、模型状态等相关物理量。

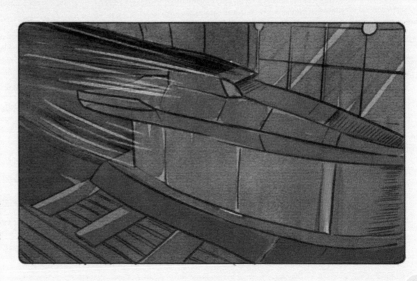

X-43A飞机模型在美国兰利高超声速风洞中进行7马赫的风洞实验

飞机的飞行

固定翼飞机的飞行过程十分与众不同。它在飞行时受到了推力、升力、阻力、重力四种力的共同作用，这几种力通过微妙的平衡，令飞机能翱翔在蓝天并实现各种飞行动作。但通过控制飞机的哪些部件来调整这几种力，最终使飞机做出直飞、转弯、升降等动作呢？

推力

飞机能实现飞行的关键是升力。飞机上天后，飞行员会通过改变机翼的迎角，操纵襟翼和副翼的位置，来控制飞机升力的大小，使飞机提升或降低高度，保持平稳飞行。

重力是飞机在飞行时必须克服的力量之一。要让飞机保持飞行高度和速度可不是一件容易的事情，除了气流的影响，还有一个因素必须考虑，那就是飞机的质量会因飞行过程中燃料的消耗而变化。随着燃油的不断消耗，飞机的重力会随着质量减小而逐渐减小。因此，驾驶员要不断调整襟翼状态，使机翼升力与重力保持平衡。

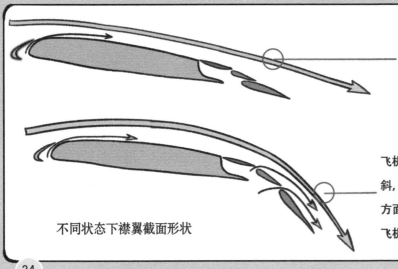

不同状态下襟翼截面形状

飞机起飞时，由于速度相对较低，只有通过展开部分襟翼，从而扩大整个机翼面积、相对改变机翼迎角等方式来增大升力

飞机降落时，襟翼全部展开并向下倾斜，一方面可以提供最大升力，另一方面，也尽可能提供最大阻力，协助飞机尽快停下来

阻力会让飞机前进的速度变慢。飞机的阻力一般是由与其擦身而过的空气产生。空气阻力会减缓飞机的飞行速度，一般来说，飞机的表面积越大，则受到的阻力就越大。而飞机的流线型设计有助于减小飞机受到的阻力。

飞机需要通过发动机的推力来克服空气阻力。飞机的体积越大，就需要更多燃料保证有足够的推力来克服阻力。

升力相应改变

空气阻力

随着燃料减少，飞机所受重力不断改变

要想灵活得当地运用和控制推力、升力、阻力、重力这四种力，飞行员必须在飞机起飞时、飞行中和着陆时，运用好驾驶舱里操纵杆、方向舵踏板和油门控制杆这三种控制工具。

操纵杆是控制飞机副翼和升降舵，使飞机俯仰和翻滚的装置。

方向舵踏板是控制飞机后部的方向舵，操控飞机转弯的装置。

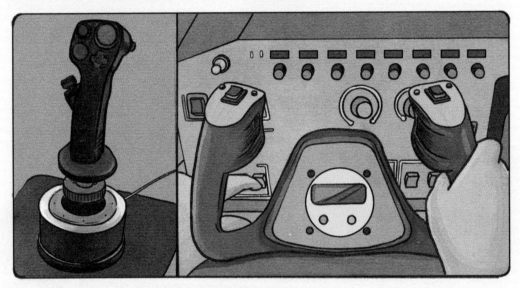

油门控制杆是通过调节油门的大小，改变飞机的速度和推力的装置。

除此之外，控制飞机完成升降、转向等动作的翼面部件被称为"操作面"。机尾的操纵面有两组：一组称为"升降舵"，位于飞机的水平尾翼上，可以向上或向下偏转，以控制飞机机头的俯仰，从而让飞机完成下降或爬升的动作；另一组操纵面被称为"方向舵"，位于飞机的垂直尾翼上，可以向左或向右偏转，从而使飞机向左或向右转向。

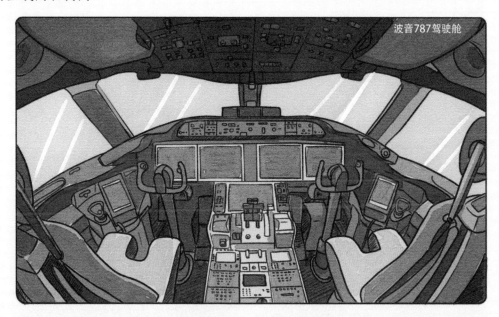

波音787驾驶舱

飞机两侧机翼上也各有一组操纵面。它们是襟翼和副翼。襟翼是位于机翼内侧后缘的操纵面，可装在机翼后缘或前缘，可绕轴向后下方偏转。襟翼是改变飞机升力的关键，有了襟翼，飞行员就可以在驾驶台上及时调节机翼上的升力；副翼则是位于机翼远端后缘的操纵面，可向上或向下偏转，在飞机滚转、转弯时发挥重要作用。

扰流板　　　主翼

副翼

襟翼

起降控制

按照牛顿定律，每个作用力都有一个大小相等、方向相反的反作用力。如果说升力和推力有助于飞机飞行，那么重力和阻力将帮助飞机回到地面。

F-35B采用的是F135发动机，它是美国普拉特·惠特尼公司研制的新型发动机，最大推力超过18吨。该发动机系统采用了升力风扇+发动机尾喷管+调姿喷管的垂直起降动力方案

翼油箱

尾喷管可以向下偏转，以提供向上的升力，从而实现垂直降落

两侧机翼均有一个调姿喷管，在垂直降落时用来协助调整飞行姿态

一般来说，飞机在起飞时，由于还没离开地面，速度也较慢，因此升降舵暂时起不了太大作用，只有通过增大机翼迎角、机翼面积等方法来给飞机提供更大的升力。此时，飞行员能做的就是让襟翼下垂，从而改变整个机翼的形状，以增大升力。

当飞机失去推力和升力时，它将回到地面。一般来说，在飞机着陆时，飞行员将减少飞机的推力，降低飞行速度。由于速度急速降低，机翼所能提供的升力也急速下降，为了使飞机平稳落地，飞机襟翼要全部展开并向下倾斜。这样做，一方面可以提供最大升力，另一方面是尽可能提供最大阻力，协助飞机尽快停下来。随着飞机越来越接近跑道，飞行员会打开制动器，进一步减小推力。然后，飞机开始接触地面，沿跑道慢慢减速，最后平稳停下来。

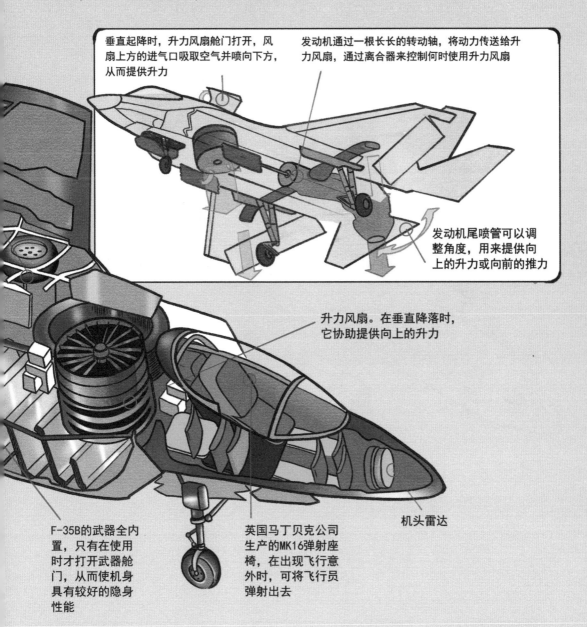

垂直起降时，升力风扇舱门打开，风扇上方的进气口吸取空气并喷向下方，从而提供升力

发动机通过一根长长的转动轴，将动力传送给升力风扇，通过离合器来控制何时使用升力风扇

发动机尾喷管可以调整角度，用来提供向上的升力或向前的推力

升力风扇。在垂直降落时，它协助提供向上的升力

F-35B的武器全内置，只有在使用时才打开武器舱门，从而使机身具有较好的隐身性能

英国马丁贝克公司生产的MK16弹射座椅，在出现飞行意外时，可将飞行员弹射出去

机头雷达

在空中直行和转向

飞机在空中飞行时，可由水平尾翼上的升降舵来控制飞机的俯仰动作。升降舵抬高时，机尾压低，机头抬起；反之，则机头降低。

飞机的俯仰改变了机翼迎角。迎角指的是翼弦与机翼的前进方向所形成的夹角。迎角大小会影响飞机的升力。机翼与风的迎角越大，升力越大。相反，迎角越小，飞机的升力就越小。因此，飞机的俯仰实际上表示了下降和爬高。

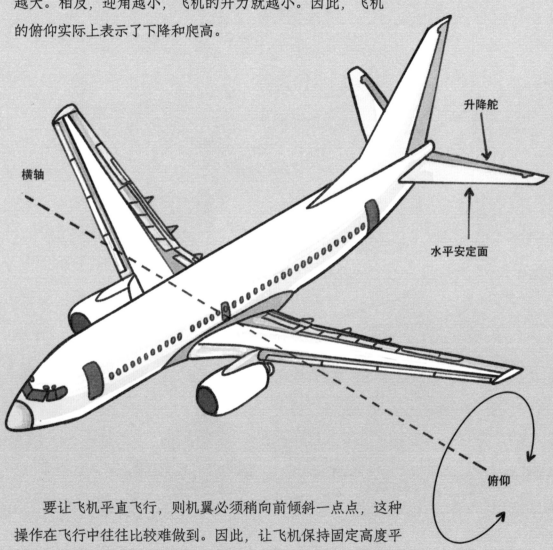

横轴

升降舵

水平安定面

俯仰

要让飞机平直飞行，则机翼必须稍向前倾斜一点点，这种操作在飞行中往往比较难做到。因此，让飞机保持固定高度平飞相对较难，而让飞机爬升实际上相对容易。改变机翼的形状，也就是改变襟翼和副翼的位置，也是调节飞机的升力，让飞机平稳直行的手段。

飞机在空中实现转向必须同时完成两个动作，一个是机头转向，另一个是侧向倾斜。这其实有点像骑自行车或摩托车时的转弯动作。假设你在骑自行车的过程中要左转弯，你在转车头的同时，身体会带动车身向左侧倾斜，以平衡转弯时的离心力，然后再朝左边真正转向。

飞机机头转向是由机尾的方向舵控制的。坐在驾驶舱的飞行员可控制方向舵的转动，方向舵向左转，飞机向左飞；相反，方向舵向右转，飞机向右飞。

飞机的侧向倾斜，要通过移动副翼来实现。飞行员通过控制副翼，使右（左）副翼升高，左（右）副翼降低，来实现机身向右（左）倾斜。如果飞行员大幅度增加这一倾斜力度，则飞机可以做出侧飞甚至滚转动作，也就是大家通常在航展的飞行表演中看到的翻转特技。

垂直尾翼

方向舵

飞机转向

右侧副翼抬高

左侧副翼降低

为了同时完成这两个动作，飞行员必须同时操控副翼和方向舵，通过转向和倾斜相结合，让飞机转弯。

音障和突破音障

1903年12月17日，奥维尔·莱特驾驶"飞行者一号"，创造了人类历史上第一次10.9千米/小时的飞行速度纪录。从那以后，人类在飞行速度方面不断取得进展，但也遇到了障碍。第二次世界大战后期，战斗机的飞行速度已经达到600千米/小时，俯冲时可以超过1000千米/小时。一些战斗机飞行员试图实现更高的飞行速度，却在高速飞行中撞上了一堵无形的墙——"音障"。音障出现时，飞机面临的阻力剧增，其操纵性能也会变差，稍有不慎，便会机毁人亡。这一现象，令当时飞行员感到困惑。

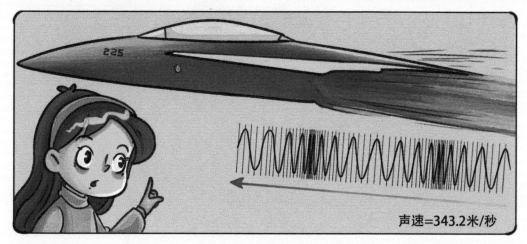

声速=343.2米/秒

在空气中，声音是靠空气的周期性压缩和舒张来传递的。飞机飞行时，飞机的声波靠机翼周围的空气分子运动来传递，当飞机以接近声速的速度飞行时，将会逐渐追上自己发出的声波。也就是说，飞机对空气的压缩无法及时传播，这将逐渐在飞机的迎风面及其附近区域积累，最终形成一个激波面。激波面会增加空气对飞行器的阻力，这就是音障。

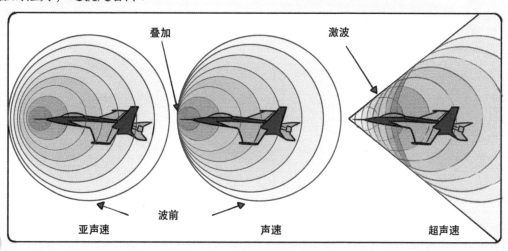

美国空军历史学家理查德·哈利恩说："突破音障的关键不在于发动机，因为当时已经研制出了动力非常强大的喷气式飞机发动机和火箭发动机。关键在于空气动力学分析，也就是指当飞机的飞行速度接近声速，并最终超过声速的时候，会发生什么情况：飞机周围——尤其是机头和机翼正面的气流，会形成剧烈的扰动波；快速的气流在飞机后部形成叫作'空气涡流'的螺旋形隧道。此时，机翼开始振动，整个机身也开始颤抖。由于高强空气扰动，帮助飞机提升和转向的操纵面此时失去作用。"

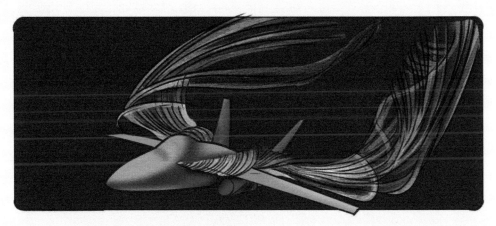

我们永远无法彻底消除音障，但是我们能设计出将音障减弱到最低限度的飞机。1947 年 10 月 14 日，查克·叶格驾驶贝尔 X-1 型飞机，以 1310 千米 / 小时的飞行速度成功突破音障，成为世界上第一名突破音障进行超声速飞行的试飞员。正是美国国家航空航天局兰利研究中心的科学家约翰·斯塔克的构思和设计促成了贝尔 X-1 型飞机成功实现突破音障的目标。

飞行的大敌——鸟

在一般人看来，飞鸟的质量那么小，其飞行速度相比体形庞大的飞机也微乎其微，就算它们与飞机相撞也犹如以卵击石——卵破碎而石头无恙，然而事实却并非如此。飞机与飞鸟在空中相撞，轻则飞机不能正常飞行，被迫紧急降落；重则机毁人亡，酿成重大灾难。据研究发现，一只仅1.8千克的飞鸟与飞行速度650千米/小时的飞机相撞，能产生33万牛的撞击力，这相当于你抡起200多千克的锤子去砸飞机，且抡锤的速度还不得低于3.6千米/小时。这都是速度惹的祸，尤其对能以几倍声速飞行的战机来说，飞鸟差不多相当于一颗穿甲弹了。这就是飞机一遇到飞鸟就如临大敌的原因。

鸟类通常在1千米以下的高空飞行，飞机飞行在万米高空，各行其道的它们为什么还会相撞呢？事实上，一些猛禽及雁类也能飞到几千米甚至万米高的高空。另外，飞鸟与飞机的栖息地及出发地都是地面，在地面附近狭路相逢的概率尤其大。2005年，一架从重庆飞往上海的飞机在重庆江北国际机场起飞时，一群鸽子从机场上空斜插过来，从侧翼猛烈地撞击了飞机的起落架和左发动机，导致这架飞机只能依靠右发动机支撑着迫降。就是这些看似平常的鸽子，竟然让飞机发动机内38片叶片受到不同程度的损坏，其中19片必须进行更换。

事实上，在这起事故中，有几只鸽子是被"吸"进发动机的。"鸟撞"产生的破坏力主要来自飞行器的速度而非鸟类本身的质量。飞行器的高速运动使得鸟撞的破坏力达到惊人的程度，一只小麻雀就足以撞毁降落时的飞机发动机。喷气式飞机在起降时，发动机要高速吸入气体，如波音 777 飞机装载的发动机的进气量为 1.42 吨 / 秒。很明显，鸟类只要稍微接近这些发动机，就难逃被吸进去的命运。被吸入的飞鸟能直接把发动机风扇叶片变形甚至卡住叶片使发动机停机。因发动机进鸟而造成的空难比例极高。

据鸟害专家指出，造成发动机受损的事件占所有鸟撞事件的五分之一左右。

飞机如何防鸟

要预防与鸟类发生撞击，飞机首先得武装好自己。自20世纪70年代起，大多数新机型的设计需要执行抗鸟撞的设计标准。在螺旋桨、进气道、机翼、尾翼、挡风玻璃等部件的研制上进行了一系列特殊设计，如飞机平飞时，风挡及机翼与一只质量为1.8千克的飞鸟相撞，要求其损坏程度不能危及飞行安全。美国的航空条例规定，发动机制造商必须保证，在吸入1.8千克的鸟后，发动机不得起火爆炸……即便这样，飞机仍扛不住"飞鸟炮弹"的袭击，鸟撞事故依然在发生。

人们认为，避免飞机与飞鸟狭路相逢是更加稳妥的解决办法。机场工作人员使用了不少手段驱鸟。比如，把机场草坪修剪得十分低矮，再在草坪上喷洒灭虫剂从而破坏机场附近鸟类的栖息环境，以此来将鸟逼走，甚至连昆虫也无法繁衍生息。

常用的招数还有使用驱鸟设备将鸟吓走。比如有些机场会播放猛禽的叫声来驱走普通鸟类；有的会用驱鸟车定时到机场跑道附近打空气炮；或者用稻草人、恐怖眼这种视觉上给鸟类带来恐怖感觉。但是，时间长了，鸟儿产生了"抗体"，这些办法也会逐渐地失灵。因此，飞机如何防鸟，还需要人们继续努力探索！

飞机的发展

变形飞机

鸟类是天生的变形飞行专家，它们可以在不同的飞行状态和条件下，非常灵活地调整翅膀的展开幅度、角度和拍打频率。而飞机设计师正是从仿生学的角度出发，从中获取灵感，用来设计变形飞机。那么，飞机设计师为什么要设计变形飞机呢？

能折叠变形的"大黄蜂"

在传统的飞机设计中，设计师都是根据不同飞行条件设计不同类型的飞机，从而形成了目前种类繁多的飞机家族。家族中有强调速度和敏捷性的战斗机，有追求巡航经济性的运输机，还有能够长时间滞空的侦察机等。各种不同类型的飞机的设计制造方式不同，用来维护保养的配套设备繁多，造成了航空飞行成本过高的情况。为此，许多国家积极开展变形飞机的研究，以适应多种飞行状态，完成多项飞行任务。

飞机设计中的一个关键参数是展弦比。飞机若要变形并改变飞行的性能和特点，一个主要的关键是能改变展弦比。

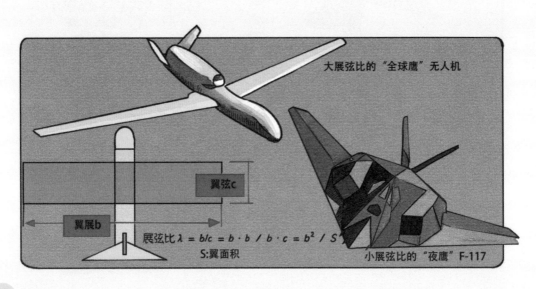

大展弦比的"全球鹰"无人机

翼弦c

翼展b

展弦比 $\lambda = b/c = b \cdot b / b \cdot c = b^2 / S$

S:翼面积

小展弦比的"夜鹰"F-117

除展弦比外，飞机后掠角也是非常重要的参数。后掠角大的飞机相当于鸬鹚俯冲时收起翅膀，可以极大地提高飞行速度。不过，后掠角大的飞机产生的升力较小，在起飞和着陆时需要较长的距离。

　　变形飞机的再一个要求是可以改变后掠翼：在起飞、着陆和巡航时，机翼在平直位置；要加速时，机翼便可后倾。许多作战飞机采用可变后掠翼后，可以在200米范围内起落甚至垂直降落。

　　除此以外，科学家还通过研究各种智能材料，使飞机的变形能够更加灵活。

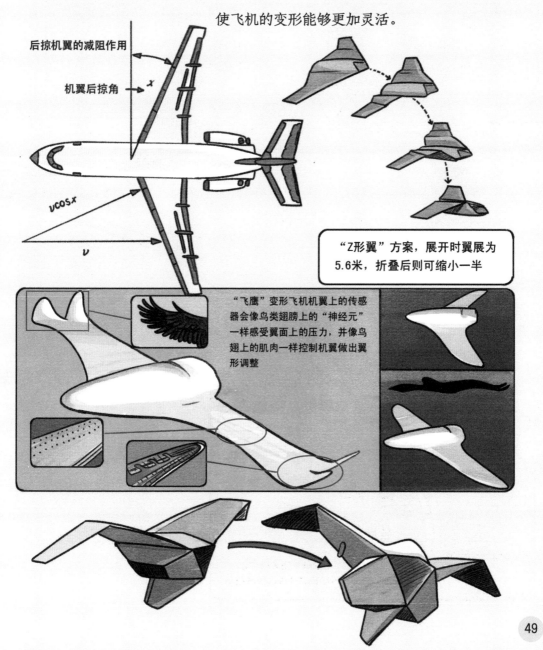

后掠机翼的减阻作用

机翼后掠角

$v\cos x$

v

"Z形翼"方案，展开时翼展为5.6米，折叠后则可缩小一半

"飞鹰"变形飞机机翼上的传感器会像鸟类翅膀上的"神经元"一样感受翼面上的压力，并像鸟翅上的肌肉一样控制机翼做出翼形调整

未来无人机

什么是无人机？其实很难对无人机下一个准确的定义。简单来说，无人机就是利用无线电遥控设备和自备的程序控制装置操纵的不载人飞机。从技术角度可以将无人机分为无人直升机、固定翼无人机、多旋翼无人机、无人飞艇、无人伞翼机等不同机型。

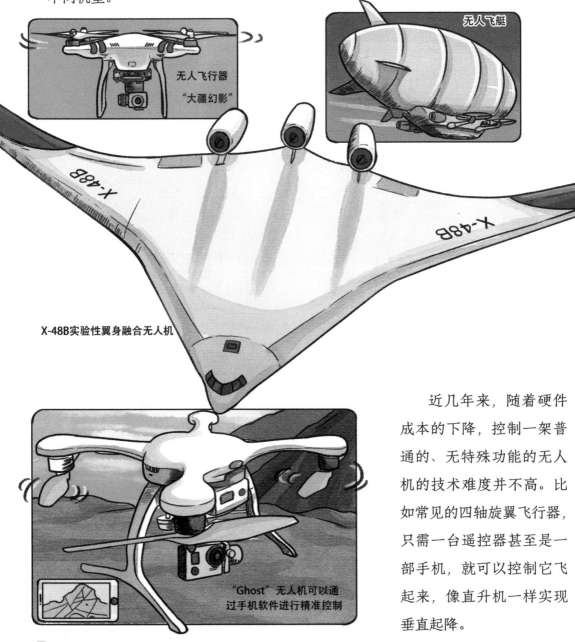

无人飞行器"大疆幻影"

无人飞艇

X-48B

X-48B

X-48B实验性翼身融合无人机

"Ghost"无人机可以通过手机软件进行精准控制

近几年来，随着硬件成本的下降，控制一架普通的、无特殊功能的无人机的技术难度并不高。比如常见的四轴旋翼飞行器，只需一台遥控器甚至是一部手机，就可以控制它飞起来，像直升机一样实现垂直起降。

还有操作更简便且功能更强大的无人机吗？创新无止境，这个当然也可以有。一款名为 Nixie 的无人机以绝佳的创意理念受到了广泛关注。

Nixie 是世界上第一款可穿戴式四轴旋翼无人机。将它折叠后就得到了一个腕带，可以像手环似的戴在手腕上。用户只需按一下按钮，便可将其展开并放飞，再通过机载运动传感器对其进行追踪，还可以利用计时器或者手势将其召回。听起来是不是很有未来感？Nixie 就像一只停在自己手腕上的鸟。

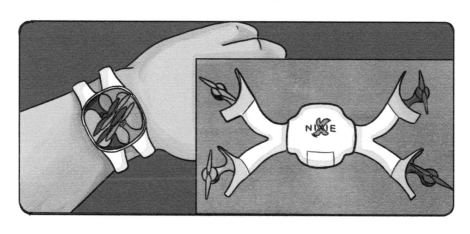

更具有未来感的一款无人机是由德国 Festo 公司的科学家研制的名为 SmartBird 的仿生鸟。它完全颠覆了人们对无人机的认知。它能够完成大部分鸟类的动作，能够自动起飞、飞行和降落。它的翅膀不仅能够上下拍动，而且可以按特定角度扭转，头部也可以左右摆动。这些模仿真正鸟类的设计都赋予它非凡的性能和敏捷度。不论是外形还是飞行性能，SmartBird 都达到了以假乱真的程度。如果不是近距离观看，人们完全识别不了它的真假。

轻型飞行器

当遇到交通拥堵的时候，你可能会幻想你的小汽车能突然展开翅膀，越过拥堵的车流飞向天空。会做这种梦可不止你一个人。在20世纪60年代播放过的动画片中甚至出现了一辆装有喷气发动机的汽车，它能在天上飞，也能很容易地降落在一个小车库里。当然，这些都是当时人们的幻想。现在可就不同了！我们已有较为成熟的科学技术、工艺水平，以及太空时代的轻质材料和足够的渴望，去建造这种轻型飞行器。虽然还有很多问题需要解决，但是有经验的学者都认为，这类轻型飞行器会在不久的将来搅动飞行世界。那么，轻型飞行器的发展面临着哪些挑战呢？

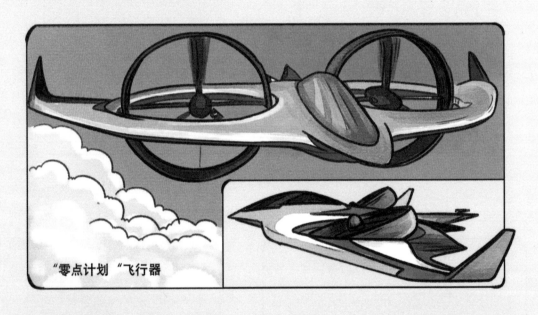

"零点计划"飞行器

克服场地限制 目前还在发展中的轻型飞行器是一种复合飞行器，它们有轻薄的碳纤维外壳机身，轻量、强劲的铝合金发动机。大部分使用可调涡轮风扇发动机，在垂直飞行的时候可以把尾喷口转向下方，实现垂直起降，把尾喷口调至面向后方时，则能让飞行器全速向前飞行。能直接垂直起降，意味着飞行器可以不需要跑道，这让轻型飞行器进入寻常百姓家有了可能性，不是每个家庭都能拥有带飞机跑道的大机场。

确保飞行安全 想要开车上路需要考取驾驶执照，驾驶能在空中飞行的交通工具就需要获得特殊的飞行执照了。要取得混合动力飞行器的飞行执照，你需要参加各种训练，这和考取固定翼飞机或者直升机飞行执照的难度没太大区别，甚至需要同时训练过驾驶固定翼飞机和直升机才能获得。

使用这种方式出行的人员的数量当然会被限制，因此并不是每一个人都能享受这种待遇。如果有成千上万的轻型飞行器在天上飞行，会造成大规模混乱。

高超声速飞机

工程师和科学家们已经解决了包括突破音障在内的大部分飞行难题，未来的任务就是更上一层楼，造出速度超过 5 马赫的飞机，也就是通常所说的高超声速飞机。以 5 倍声速或者超过 5 倍声速的速度飞行，将会带来新的难题和挑战。

美国国家航空航天局已经在迈阿密大学投入资金，旨在建造一架超声速兼亚声速的飞机。虽然这架飞机并不是高超声速飞机，但该飞机要实现在飞行中转向，从而使机头和机尾变成机翼的目标。

它需要从低于声速的飞行速度开始，旋转 90°，从而使超声速的侧面轮廓轻易地穿过音障并达到 2.0 马赫。这样，从洛杉矶到纽约的直飞航班只需要不到两小时的时间。

洛克希德·马丁公司计划研制 SR-72 无人侦察机，它是 SR-71（黑鸟）战略侦察机的改进版本。SR-72 侦察机的飞行速度将是 SR-71 侦察机的两倍，达到 6 马赫，即时速为 7344 千米。它能够在一小时内到达全球大多数地点。

洛克希德·马丁公司计划测试一种导弹发动机，据说到 2030 年就可以开始使用。洛克希德·马丁公司的项目经理布拉德·利兰说："高超声速武器将是新的秘密武器。（有了它）你对手的重要资源将无处藏身，既藏不了，也无法转移，因为它们总是会被找到，而这将改变游戏规则。"

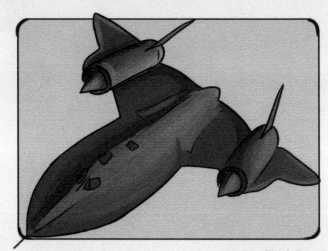

SR-71 "黑鸟"

德国宇航中心和欧洲航天局计划推出高超声速太空航班。航班能在 90 分钟内将 50 名乘客从澳大利亚运送到欧洲。该飞行器将和航天飞机非常类似，会被发送到地球的高层大气；降落时，飞行速度则会降低到普通飞机的速度。这种飞行器预计在 2050 年完成全部测试，并准备投入使用。

世界上第一款超声速客机

"阵风战"斗机

F-22"猛禽"战斗机，有超声速巡航、超视距作战等特性

离飞行梦更近一步

拥有"飞行"这一技能一直以来都是人类的梦想。当我们背着沉重的书包去上学，即使没有遇上交通堵塞，也会梦想着能长出一对灵活的翅膀，直接飞向学校。

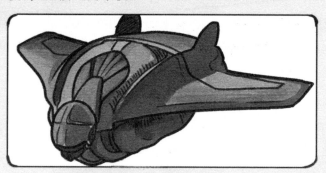

油箱

作为对飞行不具备飞行能力的"陆行者"，我们要有足够的勇气才能进行飞行冒险。

一款名为"喷气式飞行翼"的飞行装备就是由欧洲冒险家罗西设计的。罗西曾在瑞士空军服役，还长期担任国际商业航班的机长，这些经历都为他的冒险事业提供了宝贵的经验。

耐热

2006 年，罗西成为历史上第一位，而且也是迄今为止唯一依靠喷气驱动双翼完成飞行的人。罗西以大胆著称，被称作"喷气人"，他背着特制的喷气式飞行翼，飞越了阿尔卑斯山、英吉利海峡和美国科罗拉多大峡谷等地方，创造了很多奇迹。

罗西设计的飞行翼由四个喷气发动机组成，平均速度能达到 200 千米 / 小时。但罗西没能解决这款喷气飞行翼的垂直起飞问题，他必须先搭乘直升机到达近 2000 米的高空，然后纵身跳下。在下降的过程中，罗西需要把飞行器控制在一个安全的高度，剩下的操作通过一个很小的油门控制杆和调节身体姿态来完成。

降落伞

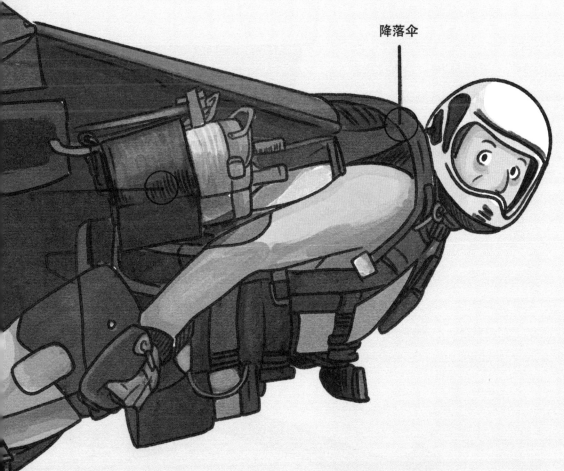

罗西的飞行技巧高超，他曾穿着喷气式飞行翼在瑞士卢塞恩湖上和一架双螺旋桨的 DC-3 型客机并排飞行，当时客机上的乘客都惊呆了。他还以 305 千米 / 小时的速度，在科罗拉多大峡谷上方 60 米处持续飞行约 8 分钟，最后成功穿越大峡谷。

背着背包去上学

同样进行飞行探索实践的还有新西兰设计师格伦·马丁。他发明了一款以他的名字命名的飞行器，叫"马丁飞行喷射包"。

马丁采用两组涵道风扇式发动机来提供升力，解决了垂直升降控制的问题，不需要像罗西的喷气飞行翼那样借助其他工具来完成起落控制。出于安全考虑，马丁飞行喷射包的发动机、燃料箱和飞行员的位置都位于背包的偏下方，这样可以降低重心，避免在飞行过程中上下颠倒，撞向地面。

涵道风扇

尽管马丁飞行喷射包没有设计座位，使用时需要背着，符合了"背包"的初步要求，但它庞大的体积和质量都令它陷入尴尬的境地——要背着这质量达180千克，2米多高、1米多宽的"背包"自由地行走，可不是一件轻松的事。加上为了安全设计要求，背包配备了电子自动稳定系统、计算机辅助驾驶系统以及弹射救生降落伞系统，整个马丁背包比人们想象中的要臃肿、笨重得多。

发动机

降落伞系统

尽管如此，马丁飞行喷射包在空中却又能显示出作为一款飞行背包的灵活性，飞行员可以通过安装在左手边的操纵杆控制飞行方向，右手边的装置则可以控制速度和转弯角度，在飞行员头部后面还有发动机启动和停止开关以及紧急打开降落伞的按钮。

控制器

或许在不久的将来，飞行背包将会变成我们衣橱里一件普通的衣服，穿上就可以飞走了——这才是我们最初的飞行梦！

未来科学家小测试

1. 被誉为"飞机的发明者"的人是（   ）。

    A. 莱特兄弟

    B. 卢米埃尔兄弟

    C. 伯努利

    D. 诸葛亮

2. 不属于伯努利效应实例的是（   ）。

    A. 吹不开的两张纸

    B. 乒乓动作中的旋球

    C. 车站站台的安全线

    D. 飞机平稳着陆

3. 从技术角度分析，下列选项中不属于无人机的是（   ）。

    A. 固定翼无人机

    B. 多旋翼无人机

    C. 无人飞艇

    D. 齐柏林飞艇

4. 下列选项中不属于机场工作人员常用的驱鸟方式是（   ）。

    A. 在草坪上喷洒灭虫剂

    B. 用驱鸟车打空气炮

    C. 放置稻草人、恐怖眼

    D. 用网捕鸟

5. 要想灵活得当地运用和控制推力、升力、阻力、重力这四种力，飞行员必须在飞机起飞时、飞行中和着陆时，运用好驾驶舱里操纵杆、方向舵踏板和（ ）这三种控制工具。

A. 离合器

B. 遮光板

C. 极限位置传感器

D. 油门控制杆

6. 风洞是一种管道状实验设备，在利用风洞装置来获取飞行器飞行时性能指数的实验过程中，科学家为模拟飞机模型的高速运动所选择的参照物是（ ）。

A. 风洞内的高速气流

B. 风洞

C. 压力秤

D. 风洞外的科学家

7. 你都知道哪些飞机？他们在外形上有什么不同？

8. 请你说一说飞机要想顺利在空中飞行都需要克服哪些困难。

9. 对于未来无人机，你是否还有更好的设计方案？

10. 你认为"马丁飞行喷射包"的设计是否合理？你还有更好的建议吗？

答案：1.A。2.D。3.D。4.D。5.C。6.B。

图书在版编目（CIP）数据

飞机大解剖 / 小多科学馆编著；石子儿童书绘.
北京：电子工业出版社，2024.7. --（未来科学家科
普分级读物）. -- ISBN 978-7-121-48139-0

Ⅰ. V271-49

中国国家版本馆CIP数据核字第20243YC833号

责任编辑：肖　雪　季　萌
印　　刷：北京利丰雅高长城印刷有限公司
装　　订：北京利丰雅高长城印刷有限公司
出版发行：电子工业出版社
　　　　　北京市海淀区万寿路173信箱　邮编：100036
开　　本：889×1194　1/16　印张：24　字数：460.8千字
版　　次：2024年7月第1版
印　　次：2024年7月第1次印刷
定　　价：158.00元（全6册）

凡所购买电子工业出版社图书有缺损问题，请向购买书店调换。若书店售缺，请与本社发
行部联系，联系及邮购电话：（010）88254888，88258888。
质量投诉请发邮件至zlts@phei.com.cn，盗版侵权举报请发邮件至dbqq@phei.com.cn。
本书咨询联系方式：（010）88254161转1860，xiaox@phei.com.cn。